了不起的小发明

叉子

〔法〕拉斐尔·费伊特　著/绘

董翀翎　译

中国科学技术大学出版社

在古希腊和古罗马时期，曾经有很长一段时间，人们在厨房里使用一种被称为"哈扒钩"的铁质叉子，用它来钩出炉子或锅里的肉以检查肉是否做熟。

但这种叉子只在厨房里使用，并且没有人想过用它来吃东西。

在西方，人们只用他们的手抓食物吃！而且这一习俗持续了一个又一个世纪……

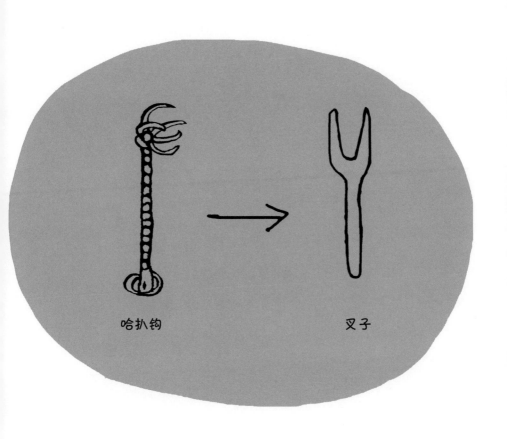

哈扒钩　　　　　　　　　叉子

　　之后，在拜占庭帝国，"哈扒钩"的形状
发生了改变，成为一种有两个尖尖的角的初代叉
子，人们开始用它来吃东西。不过在欧洲，"哈
扒钩"还是主要在厨房里使用。

后来，拜占庭公主狄奥多拉·祖卡斯嫁给了威尼斯总督，她为意大利没有人用叉子吃饭而感到震惊。

　　于是，她决定让工匠帮她打造一把纯金的叉子。

　　威尼斯总督对于必须使用这个奇怪的玩意儿来吃饭的要求感到非常惊讶。不过由于妻子的强硬坚持，他也就接受了。

　　很多来拜见公主的人都非常喜欢这把叉子。于是，使用叉子吃饭慢慢地在意大利变成了时尚。

不过这股风潮只停留在意大利。在法国，大部分人还是继续用手吃饭。

宫廷里的贵族……

……同乡下的农民一样用手吃饭。

　　直到有一天，法国国王亨利三世去佛罗伦萨旅行
时，在接待他的主人家的餐桌上发现了一把叉子。

后来他了解到，意大利人都喜欢使用叉子吃饭，因为用它吃面条很方便。于是，亨利三世决定把叉子带回法国。

亨利三世非常开心地发现，用叉子吃饭，就再也不必担心会把油渍汤汁溅到他那时髦的大白拉夫领上了。

13

他对自己的新发现非常自豪，并将叉子展示给他的朋友们——那些无法理解他为什么乐意花时间在用叉子吃饭上的人。

他激动地去了自己在整个
巴黎最喜爱的餐厅——银塔餐厅——
吃晚餐，就是为了让所有人都能看到他的新玩意儿。

不过，人们完全没有办法理解他们的国王为什么会钟情于这个荒唐的东西。

　　国王的母亲凯瑟琳·德·梅迪西斯也不喜欢自己的儿子用叉子吃饭。然而国王却完全不把这些不解放在眼里，因为他确信总有一天人们会明白叉子的绝妙之处！

之后，国王路易十四也认为叉子是一个非常美好的东西，于是他命令侍从无论何时都要在他的盘子旁边摆放一把叉子。

不过，路易十四却从来不使用叉子，因为他更喜欢用手吃东西。叉子只是用来装饰餐桌的！

在很长一段时间里，叉子都被摆放在餐桌上，不过没有人知道它是用来做什么的。

终于，人们决定在吃饭后用叉子来剔牙。

之后，人们开始用叉子扎起食物……送到手上再塞进嘴里！

　　直到17世纪末，叉子被不断地改进，从两齿变为三齿，之后又变为四齿。

　　这样更容易把食物送进嘴里，所以宫廷里的贵族们终于开始用叉子吃饭了！就这样，叉子渐渐地被大家接受了。

在西餐厅，叉子永远都被摆放在盘子的左边。在法国，叉子尖朝向桌面；而在英国，叉子尖则朝向天上。因为从前，法国的王公贵族把他们的名字刻在叉子柄的背面，而英国却刻在正面。

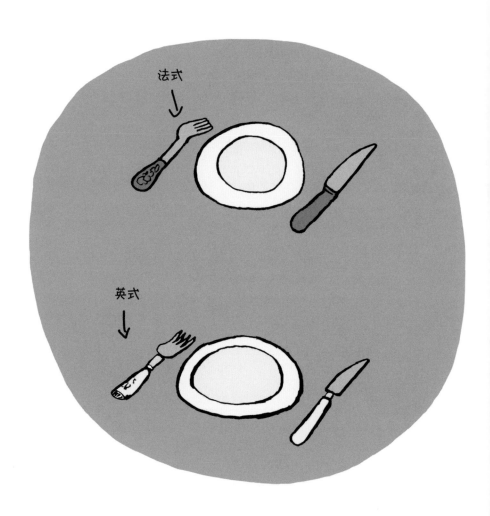

法式

英式

如今，有各种各样的叉子，有用来吃肉的，有用来吃鱼的，有用来吃奶酪的……甚至还有甜点叉！

那么你呢？你最喜欢的
叉子
是什么样的呢？

现在你已经了解有关叉子这项发明的
全部知识了!

不过你还记得我们讲过哪些内容吗?

让我们通过"记忆游戏"来检查自己
记住了多少吧!

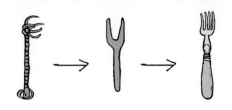

记忆游戏

1 在古希腊和古罗马时期，叉子被叫作什么？

叉子/镘

2 在古罗马时期，最早的叉子是用来做什么的？

用来把肉以及奢侈的菜肴从锅里叉出来了

3 早期的叉子有几个齿？

两个

4 国王亨利三世在哪个国家发现了叉子？

意大利

5 路易十四用叉子来做什么？

什么都不做！只是用来装饰和摆放

30

安徽省版权局著作权合同登记号：第12201950号

© La Fourchette, EDITIONS PLAY BAC, Paris, France, 2015
© University of Science and Technology of China Press, China, 2020
Simplified Chinese rights are arranged by Ye ZHANG Agency (www.ye-zhang.com).

图书在版编目（CIP）数据

了不起的小发明.叉子/（法）拉斐尔·费伊特著绘；董翀翎译. —合肥：中国科学技术大学出版社，2020.8
ISBN 978-7-312-04938-5

Ⅰ.了… Ⅱ.①拉… ②董… Ⅲ.创造发明—世界—儿童读物 Ⅳ.N19-49

中国版本图书馆CIP数据核字（2020）第068734号

出版 中国科学技术大学出版社
 安徽省合肥市金寨路96号，230026
 http://press.ustc.edu.cn
 https://zgkxjsdxcbs.tmall.com
印刷 鹤山雅图仕印刷有限公司
发行 中国科学技术大学出版社
经销 全国新华书店
开本 710 mm × 1000 mm　1/16
印张 2
字数 25千
版次 2020年8月第1版
印次 2020年8月第1次印刷
定价 28.00元